Bibliografische Information der Deutschen Nationalbibliothek:

Die Deutsche Bibliothek verzeichnet diese Publikation in der Deutschen Nationalbibliografie; detaillierte bibliografische Daten sind im Internet über http://dnb.dnb.de/ abrufbar.

Impressum:

Copyright © 2001 GRIN Verlag
Druck und Bindung: Books on Demand GmbH, Norderstedt Germany
ISBN: 9783668833920

Dieses Buch bei GRIN:

https://www.grin.com/document/449083

Uwe Malich

Das Großflughafenprojekt "Berlin Brandenburg International" (BBI)

GRIN Verlag

Dr. sc. Uwe Malich

Großflughafenprojekt BBI

Vorläufiges Fazit nach 10 Jahren Planung oder Chaos?
Recherchen zwischen Euphorie und Katzenjammer

Zur bisherigen Vorgeschichte des Flughafenprojektes Berlin Brandenburg International (BBI) und zur realen Geschichte des Berliner Flugverkehrs

3. (Teil-)Auflage

Zuweilen ist die Realität toller als die wildesten Phantasien der Autoren. Das betrifft z. B. die offizielle Eröffnung des Berlin-Brandenburger Großflughafens BER/BBI.

An diesen Termin wagen sich mittlerweile nur noch Satiriker. Nach 1999, nach 2007, nach 2012, nach 2017 usw. usf.

Aber irgendwann wird Schönefeld, der moderne BER, eröffnen. Er kann nicht mehr so einfach kassiert werden, nachdem bis jetzt weit über 5 Milliarden Euro in diesen Flughafen investiert wurden (ursprünglich wurden die Kosten für den BER/BBI mit ca. zwei Milliarden benannt).

Insofern ist es sehr wichtig und notwendig, sich auch mit den geradezu euphorischen Anfängen der Berlin-Brandenburger Flughafenplanung und den Anfängen des Berliner Luftverkehrs bis zur Wiedervereinigung zu beschäftigen, diese Gemengelage von Chaos und Euphorie noch einmal nachzuvollziehen.

Deshalb jetzt noch einmal die Neuauflage einer historischen Studie von 2001. Der Studienteil von Dr. Frank Welskop ist inzwischen zu einem Buch weiterentwickelt worden: „Der BBI — Ein neuer Berliner Bankenskandal?", Berlin 2009.

Insofern erfolgte die dritte Auflage des Studien-Teils von Frank Welskop schon viel früher. Im Jahr 2001 erfuhren die beiden Studien von Frank Welskop und Uwe Malich zusammen eine sehr große Resonanz, zunächst in der Startauflage im kommunal-politschen forum des Landes Brandenburg und sodann - in großer Anzahl - durch ihre erneute Veröffentlichung im Raben Ralf, einem Sonderheft der Grünen Liga Berlin. Außerdem wurden die damaligen Studien ins Netz gestellt, waren also weltweit verfügbar schon 2001.

Der Großflughafen Schönefeld, der BER/BBI, wird auch nach seiner Fertigstellung eine Zwischenlösung bleiben. Vielleicht wird noch eine gewisse Schamfrist verstreichen. Dann werden die Planer anfangen, einen Standort für einen echten Großflughafen außerhalb des Berliner Autobahnrings zu suchen. Schönefeld wird dabei seine Rolle weiterspielen, für Berlin, für den europäischen Luftverkehr der Hauptstadt. Mehr aber nicht. Und Berlin braucht letztlich mehr. Und es wird sich die Öffentliche Hand dem Drängen nach einem richtigen Flughafen für die deutsche Hauptstadt Berlin nicht verweigern. Schauen wir mal!

Dr. sc. Uwe Malich,
Bürgermeister der Stadt Wildau,
Königs Wusterhausen, den 26.08.2018

Vorbemerkungen

Im März 2000 bot die Studien-Gesellschaft Brandenburg-Berlin für Regionalent-wicklung, Verkehr und Umwelt e.V. (SGBB) dem "kommunalpolitischen forum Land Brandenburg" e.V. an, im Zusammenhang mit dem laufenden Planfeststellungs-verfahren zum geplanten Ausbau des Flughafens Schönefeld zum Großflughafen (resp. Single-Airport) Berlin Brandenburg International insbesondere dessen ökonomische Voraussetzungen und Begründungen noch einmal einer kritischen Unter-suchung zu unterziehen.

Ende September 2000 wurde der entsprechende Auftrag an die SGBB erteilt. Im Frühjahr 2001, nach einigen Verzögerungen, aber immerhin noch rechtzeitig vor Beginn der Anhörungen im Planfeststellungsverfahren, konnte das Ergebnis vorgelegt werden.

Nach den Arbeiten der Studien-Gesellschaft für das "kommunalpolitische forum" von 1992 (Entscheidungsfindung zum Großflughafenbau im Land Brandenburg: Politik im Konfliktfeld von Wirtschaft und Umwelt. Studien und Standpunkte zur Problemlage) und 1995 (Das Urteil der Bürger. Ergebnisse einer Akzeptanzanalyse zum geplanten Großflughafen "Berlin-Brandenburg-International") wird mit den jetzigen Recherchen auch ein vorläufiges Fazit zu mittlerweile mehr als 10 Jahren Projektplanung BBI gezogen.

Das methodische Vorgehen der beiden Autoren Dr. Frank Welskop (Abschnitte III, IV, V, VI) und Dr. sc. Uwe Malich (Abschnitt II) bei ihren Analysen unterscheidet sich dabei durchaus. Die komplexe Systematisierung der großen, insbesondere ökonomischen Zusammenhänge unter verschiedenen Gesichtspunkten einerseits (Welskop) und andererseits die historisierende Betrachtung der bisherigen Projektentwicklung einschließlich seiner Vorläufer (Malich) ergeben denn auch in Teilbereichen, etwa in Bezug auf die Bewertung der Ergebnisse des Raumordungsverfahrens von 1994, der langfristigen Entwicklungsdynamik des Berlin-Brandenburger Luftverkehrs und der Entstehung des BBI-Projektes, unterschiedliche, sich partiell ergänzende, aber auch kontroverse Resultate.

Gemeinsames Fazit der verschiedenen Recherchen ist freilich, dass sich das BBI-Projekt in einer Sackgasse befindet, aus der ein Herausfinden auf einen zukunfts-fähigen Entwicklungspfad nur schwer möglich zu sein scheint. Nach dem weitgehenden Versagen von (Landes-)Politik und Fachplanung wird der "Schwarze Peter" der Projektentwicklung deshalb demnächst mit hoher Wahrscheinlichkeit der "Dritten Kraft", der Justiz, zugespielt werden.

Die ist allerdings um ihre Aufgabe keineswegs zu beneiden. Am Standort Schönefeld dürften die Interessengegensätze zwischen Flughafenbetreiber, Airlines und Anwohnern schlechthin unversöhnlich sein, zumal vor dem Hintergrund der sich deutlich abzeichnenden Veränderung der maßgeblichen Rechtslage, namentlich der Nivellierung des Fluglärmgesetzes. Ein tragfähiger Vergleich scheint an diesem Standort also kaum vorstellbar, könnte jedoch, wenn er denn doch zustande kommt, die politisch Verantwortlichen, egal wie er ausfällt, zunächst spürbar entlasten.

Die Suche einer Lösung an einem anderen Standort - auch einen solchen Weg könnte die Rechtsprechung der Politik und Planung schließlich weisen - stößt zum einen auf das Problem des damit verbundenen weiteren erheblichen Zeitverzuges für die Projektrealisierung (angesichts eines dynamischen Profilierungswettbewerbes der Verkehrsflughäfen im Zeitalter der Globalisierung!) und auf Restriktionen durch den mittlerweile fortgeschrittenen Flächenverbrauch besonders für Wohnbebauung (Suburbanisierung) am Stadtrand von Berlin.

Die beiden Autoren der Studien-Gesellschaft hoffen, mit den Ergebnissen ihrer Recherchen zur weiteren notwendigen gesellschaftlichen Diskussion um das BBI-Projekt beitragen zu können. Von einem befriedigenden Stand, gerade unter den Aspekten nachhaltige Zukunftsfähigkeit und insbesondere auch Wirtschaftlichkeit, ist das Vorhaben jedenfalls noch weit entfernt.

Wildau, 16. April 2001

Dr. sc. Uwe Malich
(Vorsitzender SGBB)

Zur bisherigen Vorgeschichte des Flughafenprojektes Berlin Brandenburg International (BBI) und zur realen Geschichte des Berliner Luftverkehrs

In der Vereinbarung für ein Gesamtverkehrskonzept Brandenburg-Berlin und Flughafen 2000 vom Frühjahr 1991 orientierten die vier seinerzeit zuständigen Landesminister bzw. Senatoren der Länder Brandenburg und Berlin auf die Inbetriebnahme eines neuen Verkehrsflughafens, der die bis dato bestehenden Verkehrsflughäfen in Berlin und Brandenburg ersetzen sollte, bis zum Jahr 2000 ("Flughafen 2000"). /1/ Als Tag der Inbetriebnahme wurde in Potsdamer Amtsstuben schon mal der 24. Dezember 1999 ins Auge gefasst. /2/

Im Frühjahr 2001, unmittelbar vor Beginn des Anhörungsverfahrens im Planfeststellungsverfahren, halten die Landespolitik und die Berlin Brandenburg Flughafenholding (BBF) noch treu an der mit dem Planfeststellungsantrag von Ende 1999 fixierten Zielsetzung einer Eröffnung von Berlin Brandenburg International (BBI) im Jahr 2007 fest. /3/

Kritische Experten wie die verkehrspolitische Sprecherin der Brandenburger PDS-Landtagsfraktion Anita Tack, sehen diese Terminstellung jedoch als unrealistisch an: "Aus heutiger Sicht wird der Flughafen nicht planmäßig in Betrieb gehen." /4/

Im laufenden Planfeststellungsverfahren wurden über 130.000 Einwände gegen das Großflughafenprojekt gemacht, gerichtliche Auseinandersetzungen und Auflagen für die Betreiber sind programmiert. Andererseits ist die Finanzierung, es geht nach unter-schiedlichen Schätzungen immerhin um 8 - 12 Milliarden Mark, zu erheblichen Teilen noch ungeklärt. /5/

Berlin Brandenburg International - eine unendliche (Vor-)Geschichte?

Lange Vorlaufzeiten bei Flughafen-Großprojekten sind grundsätzlich nicht ungewöhnlich. So wurde mit den konzeptionellen Arbeiten zum Ausbau des Münchener Flughafens (ursprünglich am Standort Riem vorgesehen) beispielsweise schon Mitte der 50er Jahre begonnen, als sich der Einsatz von Düsenflugzeugen in der zivilen Luftfahrt abzeichnete. Der neue Münchener Großflughafen "Franz-Josef-Strauß", nordöstlich von München im Erdinger Moos gelegen, konnte dann aber erst am 17. Mai 1992 eröffnet werden. Knapp 40 Jahre dauerte damit die Vorgeschichte des Flughafens
München II. Also braucht man aus Berlin-Brandenburger Sicht gar nicht nervös zu werden, wenn der Termin 2007 doch nicht gehalten werden kann!?

Sowohl ein genauerer Blick zurück, auf die Planungs- und Entscheidungsfindungs-
geschichte des BBI, als auch ein geschärfter Blick nach vorn, auf die zukünftigen
Anforderungen an den Berlin-Brandenburger Luftverkehr im Standortwettbewerb der
Regionen unter den Bedingungen der Globalisierung zeigt indes, dass historische
Analogien wie zu München als Beruhigungsmittel nicht taugen, der aktuellen
Bedeutung und Brisanz des BBI-Projektes keineswegs gerecht werden.

Die Bemühungen, in Berlin einen modernen Großflughafen zu bauen, gehen schon
viel weiter zurück als bis in die Zeit der "Wende", den Untergang der DDR und den
Beitritt der neuen Bundesländer zur Bundesrepublik Deutschland.

Bereits Ende Oktober 1934 forderte der damalige Reichskanzler mit Blick auf das Jahr
2000 "eine dreifache Vergrößerung des Flughafens Tempelhof". "Der Flughafen
Tempelhof müsse der größte und schönste Zivilflughafen der Welt sein." /6/ Der
größte Flughafen der Welt für die zukünftige "Hauptstadt der Welt"! /7/

Der Ausbau begann noch 1935, "nach den Plänen des Führers", wie der
Geschäftsbe-richt der Berliner Flughafengesellschaft (BFG) für 1935/36 vermeldete.
/8/

In späteren Planungen des Regimes für den Umbau Berlins zur "Welthauptstadt
Germania" war schließlich der Neubau von 4 Flughäfen außerhalb des
Autobahnringes vorgesehen, von denen der südliche für eine nähere Zukunft geplant
war und bereits 1950 den Flughafen Tempelhof ersetzen sollte. /9/

Mit Kriegsbeginn kam der Ausbau Tempelhofs - nach wesentlichen
Teilfertigstellungen bis dahin - zum Erliegen. Ende April 1945 wurde der Flughafen
von der Roten Armee besetzt.

In der zweiten Hälfte der 20er Jahre und in den 30er Jahren hatte Berlin mit dem
Zentralflughafen Tempelhof als Heimatflughafen der Deutschen Lufthansa (gegründet
1926, planmäßiger Luftverkehr ab 06. April 1926) eine überragende Position innerhalb
des deutschen Luftverkehrs. Ein dichtes Netz nationaler und internationaler Fluglinien
wurde von Tempelhof aus betrieben. Berlin-Tempelhof war der Zentralflughafen des
Deutschen Reiches und galt schon früh als "Luftkreuz Europas". /10/

Unter den größeren Verkehrsflughäfen Deutschlands wies Berlin-Tempelhof die
höchsten jährlichen Wachstumsraten auf. Der Anteil Berlins am deutschen Passagieraufkommen stieg dementsprechend bis Ende der 30er Jahre immer weiter an.
Bezogen auf das Aufkommen der 11 späteren bundesdeutschen Verkehrsflughäfen
(einschließ-lich Berlin-West) betrug der Anteil Berlins im Jahre 1938 immerhin 45,4

Prozent! Der Anteil am gesamten deutschen Passagieraufkommen von 1938 belief sich auf 31,8 Prozent. /11/ Das Passagieraufkommen Berlins war in jenem Jahr fast viermal (!) so hoch wie das Aufkommen in Frankfurt/Main. /12/

Im Ergebnis des 2. Weltkrieges, der bedingungslosen Kapitulation des Deutschen Reiches und der vollständigen Besetzung Deutschlands durch die Alliierten kam es zunächst zu einem völligen Erliegen der deutschen Luftfahrt. Herstellung, Erwerb oder Unterhaltung von Luftfahrtgerät aller Art wurden verboten. /13/

Die verschiedenen Bemühungen zur Wiederaufnahme des zivilen deutschen Luftverkehrs in den Nachkriegsjahren gestalteten sich in Ost und West kompliziert, auch nach der Gründung der beiden deutschen Nachkriegs-Staaten im Jahre 1949. /14/ Sowohl politische als auch besatzungsrechtliche Nachwirkungen des Weltkrieges, als auch der beginnende Kalte Krieg zwischen Ost und West beeinflussten die Luftfahrt und insbesondere den gewerblichen Luftverkehr noch über lange Zeit in erheblichem Maße. Die Hoheit über den Westberliner Luftverkehr erlangte Deutschland schließlich erst im Zuge seiner Wiedervereinigung am 03. Oktober 1990.

In der Nachkriegsperiode bis 1990 kam es innerhalb des (west-)deutschen Verkehrsflughafensystems zu tiefgreifenden strukturellen Veränderungen. Insbesondere verlor Berlin /15/, d. h. konkret der Flughafen Tempelhof bzw. später (ab 01.09.1975) Tegel, die traditionelle, in der Zwischenkriegszeit entstandene Stellung als zentrales Drehkreuz im gewerblichen deutschen Luftverkehr. Der Anteil Berlins (TXL und THF) am gesamten Passagieraufkommen der bundesdeutschen Verkehrsflug-häfen entwickelte sich wie folgt: /16/

Tab. 1: Fluggäste (an + ab) im gewerblichen Verkehr 1950 - 1989 (Anteile am westdeutschen Gesamtaufkommen in Prozent)

Jahr	(1938)	1950	1960	1970	1980	1989
Berlin	(45,4)	30,6	22,1	18,2	9,6	8,5

Aus dem Berlinzentrierten Flughafensystem entstand auf der Grundlage der neuen föderalen politischen Strukturen und in enger Beziehung zur räumlichen Verteilung der Bevölkerung und der materiellen Produktionsfaktoren (insbesondere des Kapitalstocks) ein multizentrales und multifunktionales System mit Frankfurt/Main als neuem Haupt-Airport und Euro-Hub (europäisches Drehkreuz). /17/

Im Jahr 1989 betrug der Anteil Frankfurts am westdeutschen Passagieraufkommen immerhin 37 Prozent. Das Aufkommen in Frankfurt war damit über 4,5 Mal so groß wie das Berliner Aufkommen. /18/ Wenn man das Frachtaufkommen einschließlich

Post einbezieht, ist die Dominanz Frankfurts im Allgemeinen und im Vergleich zu Berlin im Besonderen noch ausgeprägter. 1989 entfielen 43,8 Prozent der auf bundesdeutschen Verkehrsflughäfen abgefertigten Verkehrseinheiten (1 Passagier = 1 VE und 100 kg Fracht bzw. Post = 1 VE) auf Frankfurt/Main und 7 Prozent auf Berlin. /19/

Während sich in der Bundesrepublik Deutschland einschließlich Westberlin ein räumlich und funktionell ausdifferenziertes Flughafensystem unter Führung Frankfurts heraus-bildete, entstand parallel dazu in der DDR vor dem Hintergrund einer deutlich weniger dynamischen Entwicklung des Luftverkehrs /20/ ein hochgradig zentralisiertes Flug-hafensystem. Im Jahre 1989 hatte der Zentralflughafen Berlin-Schönefeld einen Anteil von 84,8 Prozent aller auf den Verkehrsflughäfen der DDR abgefertigten Passagiere. /21/ Wegen Baumaßnahmen auf dem Dresdner Flughafen 1988/89 war der Schönefelder Anteil in diesen Jahren allerdings etwas überhöht. 1987 hatte er bei 77,8 Prozent gelegen. /22/

Trotz der nicht gerade geringen Anfangsschwierigkeiten in der DDR und namentlich am Standort Schönefeld (Ausgangsbasis war der dortige ehemalige Werkflughafen der Henschel-Flugzeugwerke), den zivilen Luftverkehr wieder aufzubauen, /23/ begann die Deutsche Lufthansa der DDR im Auftrage des Innenministeriums schon ab Ende 1955 mit Arbeiten an einem Generalausbauplan für Schönefeld. /24/ Den Anforderungen des sich abzeichnenden Verkehrs mit Düsenmaschinen sollte in Schönefeld entsprochen werden. Außerdem ging man in den damaligen DDR-Planungen davon aus, dass Schönefeld für Berlin als Hauptstadt eines wiedervereinigten Deutschlands eine Luftkreuzfunktion wahrnehmen müsste. Zum Teil der Mittelstrecken-, aber insbeson-dere der Berliner Langstreckenverkehr sollte über Schönefeld abgewickelt werden, in Arbeitsteilung mit Tempelhof und Tegel, von wo aus vor allem die innerdeutschen Ziele bedient werden sollten. /25/

Nichts weniger als ein "Großflughafen Berlin-Schönefeld" war damals das Ziel der DDR-Lufthansa-Planer. /26/ Die Vertiefung der deutschen Spaltung Anfang der 60er Jahre, insbesondere durch den Bau der Berliner Mauer seitens der DDR, ließ diese Planungen dann aber für rund 3 Jahrzehnte obsolet werden.

Dennoch kam es in den Jahren 1961-1989 zu einem nicht unerheblichen Wachstum des Luftverkehrs von den Westberliner Flughäfen wie vom DDR-Zentralflughafen Berlin-Schönefeld aus. Innerhalb des Westberliner Flughafensystems fand dabei 1975 eine fast vollständige Verkehrsverlagerung von Tempelhof nach Tegel statt. /27/ Die Entwicklung der Abfertigungsleistung im Passagierverkehr in diesem Zeitraum in Tempelhof/Tegel einerseits und Schönefeld andererseits zeigt die nachfolgende Abbildung.

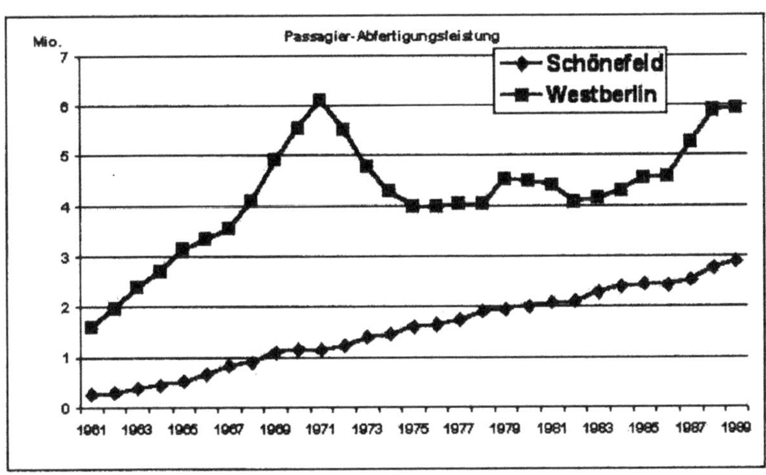

Dieses Wachstumsbild soll indes nicht darüber hinwegtäuschen, dass der Berliner Luftverkehr über 40 Jahre durch - in Ost und West unterschiedliche, wenn auch in Wechselwirkung zueinander stehende - spezifische Rahmenbedingungen in seiner Entwicklung gebremst und, wie gezeigt, von der allgemeinen Luftverkehrsentwicklung relativ abgekoppelt wurde. Gemessen an den abgefertigten Verkehrseinheiten sackte Westberlin (TXL/THF) in der Rangfolge der westdeutschen Verkehrsflughäfen immerhin von Platz 1 im Jahr 1950 auf Platz 5 - hinter Frankfurt Main, Düsseldorf, München und Hamburg - im Jahre 1989. /29/

Die Interpretation dieser Entwicklung sollte ab 1989 eine gravierende, die Berlin-Brandenburger Flughafensituation bis heute maßgeblich bestimmende Bedeutung erlangen.

Die ersten (vor-)entscheidenden Marken wurden dabei von der Deutschen Lufthansa und namentlich ihrem langjährigen Vorstandsvorsitzenden Prof. Heinz Ruhnau gesetzt. Die Lufthansa, jedenfalls ihre damalige Führung, wollte zurück nach Berlin, in ihre "Heimatstadt". "Der Kranich ist in sein Nest zurückgekehrt", formulierte der damalige Berliner Verkehrssenator Horst Wagner am 28. Oktober 1990, als die Lufthansa nach mehr als 45 Jahren wieder in einem Linienflug Berlin angesteuert hatte. /30/ "Die große Berliner Vergangenheit der Lufthansa hat mehr denn je Zukunft", umschrieb der Lufthansa-Vorstandschef Ruhnau seine Erwartungen und Zielvorstellungen in diesem Zusammenhang. /31/

Tatsächlich war die Lufthansa in Verfolgung ihrer Absicht, wieder von Berlin aus die Welt mit ihren Linien zu bedienen, schon frühzeitig sehr aktiv geworden. Bereits Ende 1989, kurz vor Weihnachten, befasste sich eine gemeinsame Kommission Interflug/Lufthansa u. a. mit der Standortplanung eines Berliner Großflughafens. /32/ Dabei kam man zu dem "Grundkonsens ..., dass der Standort Berlin-Schönefeld über alle erforderlichen Voraussetzungen für einen künftigen Großflughafen verfügt." /33/

Allerdings berichtete nur wenige Wochen später die tageszeitung (taz), dass sich Senatsplaner (Anfang Februar 1990! - U. M.) und Lufthansa einig wären, der neue Großflughafen soll "in der Nähe von Zossen" (gemeint war das Gelände des damaligen sowjetischen Militärflughafens Sperenberg, U. M.) gebaut werden. /34/

Offenbar war der Lufthansa nachdem sich die deutsche Wiedervereinigung immer klarer am geschichtlichen Horizont abzeichnete /35/, der Platz in Schönefeld für die Verwirklichung ihrer Planungen nunmehr als zu klein erschienen. Immerhin ging die Lufthansa davon aus, dass sich Berlin zu "einer Dienstleistungs- und Kommunikationsmetropole ähnlich Los Angeles, London oder Frankfurt/Main" entwickeln würde. /36/ Dementsprechend müsste auch der Luftverkehr wachsen.

Bereits für ihre Beratungen mit der Interflug Ende 1989 hatte die Lufthansa eine Luftverkehrsprognose für Berlin zur Hand, in der eine Aufkommenssteigerung bis zum Jahr 2005 auf 30 Millionen Passagiere erwartet wurde. /37/ In einer Studie der Lufthansa Consulting GmbH zur Entwicklung der Berliner Flughäfen von Mitte 1990, mit der ein Ausbau Schönefelds als Zwischenlösung bis zur Inbetriebnahme von "Berlin-International" etwa 2002/03 abgesteckt wurde, wurden für das Jahr 2000 24 Millionen Passagiere, für 2005 29 Millionen und für 2010 41 Millionen Passagiere prognostiziert. /38/

Die Lufthansa Consulting erwartete zum einen ein geradezu sprunghaftes Anwachsen des sog. Basis-Potentials der regionalen Luftverkehrsnachfrage durch ein äußerst dynamisches Wirtschafts- und Einkommenswachstum in den neuen Bundesländern (Angleichung an die westdeutsche Entwicklung bis 2000, spätestens aber 2010), das zudem noch durch Sonderfaktoren wie den Hauptstadt-Effekt und ein Bevölkerungswachstum weiter gesteigert werden sollte.

Außerdem wurde ein erheblicher Umsteigeverkehr (2010: 10 Millionen Passagiere), d. h. die (neuerliche) Ausprägung eines internationalen Luftdrehkreuzes ("Hub") in Berlin unterstellt. /39/

In einer Fortschreibung vom Mai 1991 bestätigte die Lufthansa Consulting im Wesentlichen ihre Entwicklungserwartungen, begründete ihr Votum für einen Neubau nunmehr aber auch noch umweltpolitisch bzw. mit den Luftverkehrsbelastungen für die Anwohner. So wäre der Ausbau Schönefelds zum Großflughafen (d. h. die jetzt verfolgte Entwicklungsvariante - U. M.) "auf Grund der Stadtrandlage und der damit verbundenen Belastung von zehntausenden von Anwohnern und wichtigen Naherholungsgebieten ... nicht ratsam". /40/ "Der Standort Schönefeld ist als alleiniger Flughafen für Berlin nicht zu empfehlen. Von allen untersuchten Standorten schneidet Schönefeld am schlechtesten ab. Auf Grund der Fluglärm- und Besiedlungsproblematik, der zu geringen Flächenverfügbarkeit auch für Industrieansiedlungen und der Belastung der Umwelt kann Schönefeld die zukünftigen Anforderungen an den neuen Flughafen vergleichsweise nicht erfüllen." /41/

Die Lufthansa-Prognosen wurden im Übrigen in ihrer Größenordnung durch eine Reihe weiterer Expertisen renommierter Institute Anfang der 90er bestätigt. /42/ Auch im Kontext der nunmehr gesamtdeutschen Verkehrswegeplanung wurde damals eine exorbitante Steigerung des ostdeutschen Luftverkehrs erwartet (900 % im Planungszeitraum). /43/

Die überschießenden Prognosen wurden in dieser Zeit allerdings auch grundsätzlicher Kritik unterzogen, so in der eben angeführten SGBB-Studie für das kommunalpolitische forum von 1992. Kritisiert wurde damals vor allem die verbreitete Wundergläubigkeit in Bezug auf den ökonomischen Angleichungsprozess in den neuen Bundesländern ("blühende Landschaften", "zweites (ost-)deutsches Wirtschaftswunder") und die fast völlige Vernachlässigung der mit hoher Wahrscheinlichkeit auf lange Sicht zuneh-menden (global-)ökologischen Restriktionen für das Luftverkehrswachstum. /44/ An anderer Stelle wurde auch auf die Bedeutung der (gegenüber den 20er und 30er Jahren veränderten) wirtschaftsgeographischen Situation in Deutschland, die inzwischen deutlich stärkere Konzentration/Agglomeration der deutschen (und europäischen) Wirtschaftskraft und Bevölkerung entlang der Rheinschiene mit ihren nachhaltigen, auch gegenwärtig spürbaren Attraktionswirkungen auf Kapital und Arbeitskraft, namentlich zu Lasten der neuen Bundesländer, hingewiesen. /45/

Anzuführen wäre zudem noch die föderale politische Struktur in der Bundesrepublik Deutschland als Grundlage für das in der Nachkriegszeit entstandene multizentrale Flughafensystem. Die offene oder unterschwellige Erwartung vieler Prognosen, Berlin würde wieder in eine politische, wirtschaftliche und kulturelle Stellung hineinwachsen, wie sie die Stadt in den 20er und 30er Jahren als "Reichshauptstadt" hatte, verkennt offensichtlich die tatsächlichen politischen Gegebenheiten im heutigen Deutschland in ihrer Relevanz für das Flughafensystem.

Kritik war allerdings in jener Zeit, als große Teile der Politik und Wirtschaft in Berlin und Brandenburg sich in eine regelrechte Euphorie (sorglose, heitere Gemütsverfassung, u.a. nach der Aufnahme von Rauschgift) hineingesteigert hatten, nicht gern gesehen. Es gab damals "eine euphorische Stimmung zu Gunsten des Flughafenausbaus", stellte im Nachhinein auch der Untersuchungsausschuss des Brandenburger Land-tages zur Aufklärung des Grunderwerbs in Berlin und Schönefeld durch die Berlin Brandenburg Flughafen Holding GmbH (BBF) und die Flughafen Berlin-Schönefeld GmbH (FBS) fest. /46/

Staatssekretär a. D. Prof. Heinz Ruhnau (bis 31.08.1991 Vorstandsvorsitzender der Deutschen Lufthansa, ab 05.06.1991 "auf Bitte von Herrn Stolpe" Ersatzaufsichts-ratsmitglied bzw. Berater der Flughafen Berlin-Schönefeld GmbH, ab 30.03.1992 Mitglied des Aufsichtsrates der Berlin Brandenburg Flughafenholding GmbH und in dieser Funktion zugleich Vorsitzender des sog. 6er Ausschusses des Aufsichtsrates, "der Finanzierungsalternativen und Wirtschaftlichkeitsrechnungen zum Flughafenaus-bau prüfen und Vorschläge für weitere Planungsschritte erarbeiten"... sollte /47/) etwa beschwor die Weltgeltung Berlins und des Berliner Luftverkehrs, "... keine Welt-metropole ohne Weltflughafen ..." und sah ein Passagieraufkommen von mehr als 60 Millionen Passagieren/Jahr am Horizont der Berliner Luftverkehrsentwicklung. /48/

Für Ministerpräsident Manfred Stolpe war der Großflughafen nach damaligen Presse-berichten das "Lieblingskind", u. a. weil er "Aufschwung und Neuaufbau (symbolisiert)". /49/ Wie wahr, könnte man heute kommentieren, wo vieles "auf der Kippe steht", das Flughafenprojekt eingeschlossen.

Die richtige Analyse und in der Größenordnung richtige Abschätzung der langfristigen Berlin-Brandenburger Luftverkehrsentwicklung ab Anfang der 90er Jahre war indes nicht allein eine akademische Frage, die als solche durch die reale Entwicklung mittlerweile entschieden ist: Tatsächlich wurden in 2000 - durch konjunkturelle Einflüsse noch zusätzlich beflügelt - 13,311 Millionen Passagiere auf den drei Berlin-Branden-burger Verkehrsflughäfen abgefertigt /50/ (statt der von der Lufthansa Consulting 1990 für 2000 prognostizierten 24 Millionen).

Die seinerzeit vorherrschenden, im Grundsatz falschen Entwicklungserwartungen in Bezug auf den Berlin-Brandenburger Luftverkehr, die "Prognosen von Profis" /51/, bedingten vielmehr wesentlich eine luftverkehrspolitische Weichenstellung, die schließ-lich die Flughafenentwicklung für Berlin und Brandenburg auf ein "totes Gleis" resp. in eine Sackgasse geführt hat.

In dieser Sackgasse schreiten die Flughafenholding BBF und ihre Gesellschafter noch immer munter voran, glauben den "Point of no return" längst hinter sich. Selbst die Beteiligten, die das Ende des Weges schon erkennen können, versichern sich und anderen unentwegt, dass es erfolgreich vorwärts geht (gelernte DDR-Bürger kennen dies aus anderen Zusammenhängen bereits).

In Anspielung auf eine berühmte Überlegung von Marx /52/ zu einem Schlüsselaspekt des Geschichtsverständnisses von Hegel kann man hier diagnostizieren, dass die Wiederholung des Berlin- und Flughafenwahns der 30er Jahre, damals Teil einer großen, weltgeschichtlichen Tragödie, in den frühen 90er Jahren den Weg bereitet hat für eine Farce (die allerdings für Teile der (Flughafenanlieger-) Bevölkerung sich durchaus auch zu einer Tragödie - anderer Art - noch auswachsen kann).

Ausgehend von den vorliegenden Prognosen "der Profis" wurde die Größe der zu erwartenden Flughafenfläche bestimmt und darauf im Weiteren die Standortsuche ausgerichtet.

Nach zwei früheren Standortsuchverfahren Anfang der 90er Jahre erlangte das von der BBF veranlasste, von Ende 1992 bis Mitte 1993 durchgeführte Suchverfahren in Vorbe-reitung des Raumordnungsverfahrens Flughafen Berlin Brandenburg International (1993/94) eine entscheidende Bedeutung.

Gesucht wurde nach einem Standort, der mit einer Fläche von 3.600 Hektar für einen Endausbau mit 6 Start- und Landebahnen und damit die Abfertigung von mehr als 60 Millionen Passagieren geeignet ist. /53/

In einem aufwendigen mehrstufigen Verfahren wurden schließlich Sperenberg und Jüterbog-Ost als geeignete Flughafenstandorte ausgewählt und für das Raumord-nungsverfahren vorgeschlagen. /54/ Schönefeld-Süd wurde als "Sonderfall" (so jeden-falls noch die Klassifizierung am 14.06.93, die sich in den Informationen zur Antragskon-ferenz vom 01.07.93 allerdings so nicht mehr findet) trotz vergleichsweiser schlechter Bewertung im Ergebnis des Suchverfahrens /55/ ebenfalls in das Raumordnungsver-fahren eingebracht. /56/

Ohne diesen Aspekt hier vertiefen zu wollen, fällt bei der Durchsicht der entsprechenden Unterlagen der BBF zum Standortsuchverfahren doch auf, dass der Standort Sperenberg systematisch schön interpretiert wurde. So wurde zum einen seine Berlin-Nähe hervorgehoben (bei einer Entfernung von ca. 45 km Luftlinie vom Stadtzentrum Berlin) und gleichzeitig (!) auf den möglichen positiven Beitrag zum "Konzept der dezentralen Konzentration", d. h. zur beabsichtigten Stärkung der peripheren Räume Brandenburgs verwiesen. Das Problem der Induzierung gewaltiger Verkehrsströme zwischen dem Aufkommensschwerpunkt und Sperenberg wurde hingegen weitgehend ausgeblendet.

Die Raumordnungsbehörde des Landes Brandenburg, das Ministerium für Umwelt, Naturschutz und Raumordnung des Landes Brandenburg, hatte die Flughafen-Planungen der BBF auf "Vereinbarkeit mit den Erfordernissen der Raumordnung und Landesplanung und den Planungen öffentlicher und anderer Planungsträger sowie die

Vereinbarkeit des Vorhabens mit der Umwelt an den potentiellen Standorten" zu untersuchen und zu prüfen. /57/ Abschließend wurde dazu eine "raumordnerische Gesamtabwägung" formuliert. /58/

Die Raumordnungsbehörde insistierte im Ergebnis ihrer Untersuchungen und Prüfungen auf eine drastische Beschränkung der Dimensionen des Flughafenvorhabens. Unter Berufung auf neuere Erkenntnisse sah die Behörde eine Kapazität von etwa 30 Millionen Passagieren pro Jahr auch langfristig als angemessen an. /59/ Dementsprechend sah sie zwei Start- und Landebahnen sowie eine Ausbaureserve für eine weitere Start- und Landebahn "auch weit über das Jahr 2010 hinaus als ausreichend" an. /60/ Damit wurde das Vorhaben in seiner Größenordnung faktisch halbiert. Der Expansionswahn hatte einem neuen Realismus Platz gemacht, /61/ jedenfalls partiell.

Die Raumordnungsbehörde hatte im Zusammenhang mit der Neubewertung der voraussichtlichen Entwicklungsdynamik des Berlin-Brandenburger Luftverkehrs die große Chance, das Flughafenprojekt in Erfolg versprechende Bahnen zu lenken. Um so unverständlicher ist, warum diese Möglichkeit verpasst wurde, warum die Raumordnungsbehörde aus ihrem eigenen radikalen Schnitt in das Flughafenvorhaben, seine Reduzierung auf ein realistisches Maß, keinerlei Konsequenzen für das Standortver-fahren gezogen hat!

Erwartungsgemäß wurden, zum Teil mit nicht unproblematischen Bewertungen im Einzelnen, Sperenberg und Jüterbog-Ost als geeignet befunden, während Schönefeld verworfen wurde. "Der Standort Schönefeld-Süd entspricht nicht den Erfordernissen der Raumordnung und Landesplanung ... Der Standort Schönefeld wird aus landesplanerischer Sicht abgelehnt." /62/

Es fehlt in der abschließenden Einschätzung der Raumordnungsbehörde indes jeder Hinweis darauf, dass die Halbierung des Vorhabens doch auch die Standortfrage völlig neu auf die Tagesordnung setzen musste und auch völlig neue Möglichkeiten bot, zu einem tatsächlich tragfähigen Standortoptimum zu kommen. /63/

Für den Single-Airport BBI wird eine Flughafenfläche von 1.400 Hektar benötigt. /64/ In der ersten Stufe des 1993er Suchverfahrens wurden zunächst 93 "Kernflächen" mit einer Mindestgröße von 2,5 x 5,5 Kilometer (= 1.375 ha) ausgemacht (Schönefeld-Süd ist nicht einmal durch die Raster dieses ersten Auswahlverfahrens gekommen), die in einem weiteren sogenannten Flächenwachstumsverfahren auf 16 Standortbereiche mit mindestens 30 km Fläche eingegrenzt wurden. /65/

Diese Verfahrensstufe hätte man sich unter den neuen Größenbedingungen aber sparen können und unmittelbar aus den 93 Kernflächen über die Einpassung eines geeigneten technischen Flughafendesigns, die Prüfung der luftfahrttechnischen Eignung sowie der Möglichkeit, eine leistungsfähige Schienenanbindung zu gewährleisten (Einbindung in das Fernverkehrsnetz, Erreichbarkeit des Lehrter Bahnhofs) usw. /66/ einen optimalen Standort herausfiltern können. Natürlich wären dabei im Interesse der Verfahrenseffektivität auch neue Zwischenfilter denkbar gewesen, um den Kreis der 93 Kernflächen schrittweise zu reduzieren.

Es hätte sich jedenfalls die Chance geboten, einen besseren Standort als Sperenberg zu finden. Einen Standort näher an Berlin, am Aufkommensschwerpunkt, am hauptsächlichen Markt des Flughafens! Einen Standort, der weniger zusätzlichen Verkehrsaufwand (Verkehrsleistung) verursacht hätte! Einen Standort, von dem Brandenburg und Berlin in etwa gleichermaßen hätten wirtschaftlich profitieren können, der es wegen tatsächlicher Nähe zu Berlin den Berlinern leichter gemacht hätte, auf ihre beiden traditionellen Flughäfen zu verzichten.

Diese Chance ist vertan worden, aus Gründen, die zunächst nicht nachvollziehbar sind, die aber wohl eine gründliche Untersuchung verdient hätten. War es die Angst vor der Blamage der Landespolitik, ein viertes Standortsuchverfahren innerhalb kürzester Frist auslösen zu müssen? War es ideologische Befangenheit in dem Konzept der dezentralen Konzentration? Oder waren Erwägungen im Rahmen der intraregionalen Standortkonkurrenz mit Berlin maßgebend?

Im Ergebnis hat die Raumordnungsbehörde des Landes Brandenburg damit maßgeblich den sog. "Konsensbeschluss" der Gesellschafter der BBF vom 28.05.1996 provoziert, für "den heute erkennbaren Bedarf und unter Berücksichtigung der Möglich-keiten der BBF ..., den Standort Schönefeld über das Integrationskonzept als Single-Standort zu entwickeln."

Mit dem Konsensbeschluss wurde gerade der Standort wieder ins Rennen gebracht, gegen den bis dato geradezu emsig immer mehr Argumente vorgebracht wurden.

Der Konsensbeschluss bedeutet denn auch voraussichtlich nur einen scheinbaren Fortschritt für das Flughafenprojekt. Es spricht tatsächlich eher sehr viel dafür, dass damit lediglich grünes Licht für eine weitere (kostspielige) Vorwärtsbewegung in der bereits bemühten Sackgasse der Flughafenentwicklung gegeben wurde.

Diese Einschätzung ist vor allem dann nicht übertrieben, wenn man die wesentliche Projektbedingung "uneingeschränkter 24-Stunden-Betrieb" bedenkt. /67/ Uneingeschränkter 24-Stunden-Betrieb bedeutet logischer Weise auch uneingeschränkten Nachtflugverkehr. Gerade der aber dürfte angesichts einer beträchtlichen Siedlungsdichte und damit einer großen Anzahl von Fluglärm betroffener Menschen östlich wie westlich vom Flughafen (gesundheits-)politisch kaum verantwortbar und rechtlich kaum durchsetzbar sein.

Der Antragsteller im Planfeststellungsverfahren für den Ausbau Schönefelds behauptet zwar, dass auch "nach dem Erreichen der Endausbaustufe keine der heute besiedelten Flächen im Gesundheitsgefährdungsgebiet (liegt)", muss aber zugleich einräumen, dass nachts in einer größeren Zahl von Ortschaften "eine erhebliche Belästigung" der Einwohner eintreten wird, mindestens sechsmal Überschreiten eines Lärmwertes von 75 dB(A) pro Nacht. /68/

Ob von den entsprechenden Lärmwerten bzw. von den Lärmwerten, die bei passivem Schallschutz in den Innen- einschließlich Schlafräumen der Anwohner festzustellen sind, eine Gesundheitsgefährdung ausgeht oder nicht, wird mit Sicherheit noch Gutachter und Gerichte beschäftigen.

In diesem Zusammenhang ist die von der Bundesregierung noch für 2001 angestrebte Novellierung des Fluglärmgesetzes von erheblicher Bedeutung. Die Bundesregierung will insbesondere den Schutz der Nachtruhe verbessern. Mit der Novellierung des Fluglärmgesetzes sollen die entsprechenden Schutzzonen "durch deutlich verschärfte Grenzwerte neu bestimmt werden". /69/ Außerdem plant die Bundesregierung, mittels einer neuen Lärmschutzverordnung "gesonderte Nachtschutzzonen" auszuweisen, die "einen erhöhten Schutz der Anrainer vor Störung der Nachtruhe sicherstellen". /70/

Lärmkarten des Bürgervereins Brandenburg-Berlin e.V. (BVBB), die niedrigere Grenz-werte für die entsprechende Fluglärmzonenbestimmung zu Grunde legen, zeigen, dass gerade von dem gesundheitsgefährdenden Nachtfluglärm wahrscheinlich wesentlich mehr Menschen betroffen sein werden, als in den Karten der Antragsunterlagen auf der Grundlage entsprechender Berechnungen anhand der Grenzwerte nach dem noch geltenden Fluglärmgesetz dargestellt. /71/

Das Konzeptpapier der Bundesregierung ist von der Luftverkehrslobby massiv kritisiert worden. Auch die BBF hat sich entsprechend gegen die "verfehlte, Philosophie' der Luftverkehrskonzeption" positioniert. Sie sieht dadurch "die Argumente der radikalen Flughafengegner geradezu beflügelt". /72/ Das Ausbauprojekt BBI hätte bei einer Umsetzung der Konzeption "mit schweren zusätzlichen Belastungen zu rechnen". /73/ "Die Realisierung des BBI geriete in größte Gefahr, wenn insbesondere die im Konzept der Bundesregierung vorgesehenen Maßnahmen zur Fluglärmbekämpfung umgesetzt würden." /74/ "... die Auswirkungen auf den Ausbau des Flughafens Schönefeld zum BBI (Endausbauzustand) mit einer angenommenen Flugbewegungszahl von 360.000 (pro Jahr, U. M.) sind dramatisch... Es käme zu einer Vergrößerung der Schutzgebiete von ca. 180 auf 430 km." /75/ Sollten die Vorstellungen der Bundesregierung umgesetzt werden, wäre der Ausbau von Flughäfen in Stadtnähe in Zukunft prinzipiell nahezu unmöglich." /76/

Quellen und Anmerkungen

/1/ Siehe Landespressedienst Berlin, 10.05.1991 und Haase, H.; Hassemer, V.; Platzeck, M.; Wolf, J.: Brandenburg und Berlin vereinbaren Gesamtverkehrskonzept für Verkehr. In: IHK-Beiträge zu aktuellen Fragen der Stadtentwicklung. Flughafen Berlin-Brandenburg. Seminar am 05. März 1992. Materialien und Programm, (Berlin 1992).

/2/ 8. Berliner Verkehrswerkstatt. Flughafenentwicklung in der Region Berlin. 16. Oktober 1992. Dokumentation (November 1992), S. 7.

/3/ Siehe SXF. TXL. THF. BBI. Zahlen. Fakten. 2000, hg. v. Berlin Brandenburg Flughafen Holding GmbH, (Berlin 2001 S. 4f.

/4/ Neues Deutschland, 16.03.2001, S. 8.

/5/ vgl. ebenda.

/6/ Adolf Hitler am 29.10.1934 bei einem Zwischenaufenthalt in Berlin-Tempelhof in einer Besprechung mit der Flughafenverwaltung, zit. nach: Thies, Jochen: Architekt der Weltherrschaft. Die "Endziele" Hitlers, Düsseldorf 1980, S. 89.

/7/ Hitler nach ebenda, S. 80f.

/8/ Nach Treibel, Werner: Geschichte der deutschen Verkehrsflughäfen. Eine Dokumentation von 1909 bis 1989, Bonn 1992, S. 58ff.

/9/ Nach Wolf, Winfried: Berlin - Weltstadt ohne Auto? Eine Verkehrsgeschichte 1848-2015, Köln 1995, S. 75f.

/10/ Nach Treibel, S. 53ff. und Ott, Günther: Pioniere der Verkehrsluftfahrt – Deutscher Luftverkehr 1919-1945. In: Hundert Jahre deutsche Luftfahrt. Lilienthal und seine Erben, Gütersloh und München 1991, S. 65ff.

/11/ Nach Treibel, S. 17f.

/12/ Nach ebenda, S. 17.

/13/ Siehe z. B. Grenzdörfer, Joachim; Seifert, Karl-Dieter: Geschichte der ostdeutschen Verkehrsflughäfen. Die Verkehrsflughäfen und Landeplätze in den neuen Bundesländern von 1919 bis 1995 und in den ehemaligen Ostgebieten bis 1945, Bonn 1997, S. 31; vgl. Treibel.

/14/ Siehe ausführlich Seifert, Karl-Dieter: Der deutsche Luftverkehr 1955 - 2000 - Weltverkehr, Liberalisierung, Globalisierung, Bonn 2001.

/15/ Der allgemeinen Praxis entsprechend werden die Westberliner Daten hier trotz der bis 1990 spezifischen staatsrechtlichen Stellung der Westsektoren Berlins als "bundesdeutsche" subsummiert.

/16/ Nach Treibel, S. 17 und 36.

/17/ Ebenda, S. 28 und Flughafenkonzept der Bundesregierung (Entwurfsfassung vom 05. Juni 2000) S. 15ff.

/18/ Nach Treibel, S. 36.

/19/ Treibel, S. 35.

/20/ Die spezifischen Bedingungen eines kleinen Landes (auf Grund der geringen Entfernungen war ein rentabler Inlandsverkehr kaum möglich) mit eingeschränkten Möglichkeiten, an der internationalen Arbeitsteilung teilzunehmen, und gravierenden, politisch und wirtschaftlich bedingten Beschränkungen der Reisefreiheit der Bevölkerung über die Landesgrenzen hinweg, insbesondere in Bezug auf das westliche, nichtsozialistische Ausland, bremsten das ostdeutsche Luftverkehrswachstum nachhaltig. Im Jahre 1989 wurden bei einer Gesamtbe-völkerungszahl von 62,679 Millionen auf den gewerblichen Verkehrsflughäfen der Bundesrepublik einschließlich Westberlin 69,905 Millionen Passagiere abge-fertigt. Der Passagieraufkommensquotient bezogen auf die Gesamtbevölkerung beträgt damit 1,12. In der DDR wurden bei 16,434 Millionen Einwohnern im Jahr 1989 3,417 Millionen Passagiere abgefertigt. Der entsprechende Aufkommens-quotient beträgt nur 0,21. Das sind 18,75 % des westdeutschen Niveaus. (Berechnet nach Treibel, S. 36; Grenzdörfer; Seifert, S. 33 und Datenreport 7. Zahlen und Fakten über die Bundesrepublik Deutschland 1995/96, Bonn 1997, S. 21.)

/21/ Grenzdörfer; Seifert, S. 34.

/22/ Ebenda.

/23/ Siehe ausführlich Seifert, S. 27 f., 33 ff. und 47 ff. sowie Grenzdörfer; Seifert, S. 31 ff. und 43ff.

/24/ Siehe ebenda, S. 49ff.

/25/ Ebenda.

/26/ Ebenda.

/27/ Ausführlich Treibel, S. 66ff.

/28/ Nach ebenda, S. 71 und Grenzdörfer; Seifert, S. 63.

/29/ Nach Treibel, S. 35.

/30/ Lufthansa Jahrbuch '91 (Köln 1991), S. 150 und 156f.

/31/ Nach Süddeutsche Zeitung, 27./28.10.1990.

/32/ Seifert, S. 171.

/33/ Zit. nach ebenda.

/34/ die tageszeitung, 08.02.1990.

/35/ Deutlicher Ausdruck dessen war u. a. das Modrow-Konzept "Für Deutschland, einig Vaterland" vom 01. Februar 1990.

/36/ Nach Neue Zeit, 22.01.1990, S. 2.

/37/ Nach Seifert, S. 170.

/38/ Lufthansa Consulting GmbH: Management Summary 06/90, S. XVIII.

/39/ Ebenda.

/40/ Lufthansa Consulting GmbH: Die Entwicklung der Flughäfen im Großraum Berlin, (Köln im Mai 1991), S. 5.

/41/ Ebenda, S. 7.

/42/ Siehe dazu Entscheidungsfindung zum Großflughafenbau im Land Brandenburg. Politik im Konfliktfeld von Wirtschaft und Umwelt. Studien und Standpunkte zur Problemlage (erarbeitet im Auftrag des kommunalpolitischen forums Land Brandenburg, Potsdam 1992), S. 12 ff.; vgl. Ausbau Flughafen Schönefeld. Antrag auf Planfeststellung. Gutachten. M1: Verkehrsprognose und Modellflug-plan (erstellt von AvioPlan, Februar 2000), S. 25ff.

/43/ Nach Antrag der Abgeordneten Dr. Dagmar Enkelmann und der Gruppe der PDS/Linke Liste: Erarbeitung eines ökologisch integrierten Gesamtverkehrskonzeptes für die Bundesrepublik Deutschland (Entwurf, 1992), S. 1.

/44/ Entscheidungsfindung zum Großflughafenbau, S. 14ff.

/45/ Malich, Uwe: Zwischen-, Teil- oder finale Lösung - zu welchem Ende wird der Flughafen Schönefeld ausgebaut? SGBB-Material für eine Anhörung im Kreistag Königs Wusterhausen, (1992), S. 6.

/46/ Beschlussempfehlung und Bericht des Untersuchungsausschusses 2/1 zur Aufklärung des Grunderwerbs in Berlin und Schönefeld durch die Berlin Brandenburg Flughafen Holding GmbH (BBF) und die Flughafen Berlin-Schönefeld GmbH (FBS), (Potsdam, Januar 1997), S. 69.

/47/ Nach Lufthansa Jahrbuch '91, S. 18 und 147 sowie Beschlussempfehlung und Bericht des Untersuchungsausschusses, S. 119, Anlagen B III und B IV sowie Tack, Anita: Minderheitenvotum zur Beschlussempfehlung und zum Bericht des Untersuchungsausschusses 2/1 ... vorgelegt durch die PDS-Fraktion im Landtag Brandenburg, S. 27 und 51. Tack stellte in ihrem Votum zur Problematik der verfehlten und für die BBF und die Gesellschafter höchst verlustträchtigen Grundstückskäufe für das sog. Baufeld Ost noch heraus, dass Prof. Ruhnau in dieser Zeit auch im Verwaltungsrat der Westdeutschen Landesbank saß, während deren 100%ige Tochtergesellschaft DIHB (Deutsche Industrie- und Handelsbank) maßgeblich in die Finanzierung der entsprechenden Grundstücks-ankäufe involviert war. (Ebenda, S. 26.) Die gute alte Stamokap-Theorie fand hier wieder eine glänzende Bestätigung!

/48/ Nach Beschlussempfehlung und Bericht des Untersuchungsausschusses, S. 59f.

/49/ Nach Entscheidungsfindung zum Großflughafenbau, S. 22.

/50/ SXF. TXL. THF. BBI, S. 2.

/51/ Beschlussempfehlung und Bericht des Untersuchungsausschusses, S. 57.

/52/ Marx, Karl: Der achtzehnte Brumaire des Louis Bonaparte. In: MEW, Bd. 8, S. 115.

/53/ Nach BBF. Berlin Brandenburg Flughafen Holding GmbH: Flughafen Berlin Brandenburg International (BBI). Informationen zur Antragskonferenz (Stand 1.

Juli 1993), S. 7, 18 und 44; BBF. Berlin Brandenburg Flughafen Holding GmbH. Ergebnisse der Standortsuche. Zusammenfassung der Gutachten (Management Summary). Vorläufige Endfassung (14.6.1993), S. 5f. und 14; (BBF. Berlin Brandenburg Flughafen Holding GmbH): Niederschrift der 9. Sitzung des 6er-Ausschusses vom 11. Mai 1993, S. 4.

/54/ Informationen zur Antragskonferenz, S. 2.

/55/ Ergebnisse der Standortsuche, S. 2 und 19f. "Der Standort Schönefeld-Süd hält per Saldo den angewandten Suchkriterien nicht stand. Trotzdem hat die Geschäftsführung die Absicht, Schönefeld-Süd als Sonderfall in das Raumordnungsverfahren einzubringen (Berlin Brandenburg Flughafen Holding GmbH: Ergebnisse der Standortsuche für den Flughafen Berlin Brandenburg International. Vorlage der Geschäftsführung für die Sitzung des Sechser-Ausschusses am 21. April 1993, S. 10.)

/56/ Informationen zur Antragskonferenz, S. 2.

/57/ Ministerium für Umwelt, Naturschutz und Raumordnung: Zusammenfassung Ergebnisse Raumordnungsverfahren Flughafen Berlin Brandenburg International (17. November 1994),

/58/ Ebenda, S. 21.

/59/ Ebenda, S. 5.

/60/ Ebenda.

/61/ Die Zielmarke von 30 Millionen Passagieren pro Jahr wurde von der aktuellen Prognose von AvioPlan für das gegenwärtig laufende Planfeststellungsverfahren bestätigt. (AvioPlan: Gutachten. M1.)

/62/ Zusammenfassung Ergebnisse Raumordnungsverfahren, S. 1 und 21.

/63/ Frühzeitig, in der Beratung des 6er-Ausschusses des BBF-Aufsichtsrates vom 11. Mai 1993, hatte etwa Heinz Ruhnau darauf aufmerksam gemacht, dass schon eine Beschränkung auf maximal 50 Millionen Passagiere "möglicherweise völlig andere Fragen für die Standortentscheidung (aufwirft)". (Niederschrift der 9. Sitzung des 6er-Ausschusses, S. 4.)

/64/ Flughafen Berlin Schönefeld GmbH: Wegweiser für den Planfeststellungsantrag (2000), S. 10.

/65/ Informationen zur Antragskonferenz, S. 11; Ergebnisse der Standortsuche, S. 7.

/66/ Siehe ebenda, S. 8ff. und Informationen zur Antragskonferenz, S. 11f.

/67/ Wegweiser für den Planfeststellungsantrag, S. 10. Die Bedeutung des 24-Stunden-Betriebes hat erst kürzlich wieder Lufthansa-Chef Jürgen Weber betont. (Berliner Wirtschaft. Informationen der Industrie- und Handelskammer zu Berlin, 02/2001, S. 68.) Die Lufthansa ist u. a. am Berliner Frachtgeschäft stark interessiert.

/68/ Wegweiser für den Planfeststellungsantrag, S. 53.

/69/ Flughafenkonzept der Bundesregierung (Entwurfsfassung vom 05. Juni 2000), S. 31.

/70/ Ebenda, S. 33.

/71/ Vgl. www.bvbb-ev.de/Karte/Dauerpegel_Nacht, ... Dauerpegel_Tag, ... Maximalpegel_Ostwind, ... Maximalpegel_Westwind und Karten Fluglärmbelastung tagsüber und Fluglärmbelastung nachts bei Inbetriebnahme des BBI. In: Wegweiser für den Planfeststellungsantrag.

/72/ Positionspapier des BBF-Konzerns zum Entwurf des Flughafenkonzeptes der Bundesregierung vom 05.06.2000, S. 1.

/73/ Ebenda, S. 2.

/74/ Ebenda.

/75/ Ebenda, S. 3.

/76/ Ebenda.

BEI GRIN MACHT SICH IHR WISSEN BEZAHLT

- Wir veröffentlichen Ihre Hausarbeit,
  Bachelor- und Masterarbeit

- Ihr eigenes eBook und Buch -
  weltweit in allen wichtigen Shops

- Verdienen Sie an jedem Verkauf

Jetzt bei www.GRIN.com hochladen
und kostenlos publizieren